www.ingramcontent.com/pod-product-compliance
Lightning Source LLC
Chambersburg PA
CBHW081613190326
41458CB00019BA/6100
9783486747928